Fatima Zahrae MRHARI
Mohammed RADOUANI

Digitalização 3D do património e engenharia robótica

Fatima Zahrae MRHARI
Mohammed RADOUANI

Digitalização 3D do património e engenharia robótica

Sinergias entre o património cultural e a engenharia avançada

ScienciaScripts

Imprint
Any brand names and product names mentioned in this book are subject to trademark, brand or patent protection and are trademarks or registered trademarks of their respective holders. The use of brand names, product names, common names, trade names, product descriptions etc. even without a particular marking in this work is in no way to be construed to mean that such names may be regarded as unrestricted in respect of trademark and brand protection legislation and could thus be used by anyone.

Cover image: www.ingimage.com

This book is a translation from the original published under ISBN 978-3-8381-8960-4.

Publisher:
Sciencia Scripts
is a trademark of
Dodo Books Indian Ocean Ltd. and OmniScriptum S.R.L publishing group

120 High Road, East Finchley, London, N2 9ED, United Kingdom
Str. Armeneasca 28/1, office 1, Chisinau MD-2012, Republic of Moldova, Europe
Managing Directors: Ieva Konstantinova, Victoria Ursu
info@omniscriptum.com

Printed at: see last page
ISBN: 978-620-8-41274-6

Conteúdo

DIGITALIZAÇÃO 3D DO PATRIMÓNIO
& ENGENHARIA ROBÓTICA

Prefácio

Os avanços tecnológicos das últimas décadas transformaram muitos sectores, abrindo novas perspectivas em áreas tão diversas como o património cultural e a engenharia mecânica. Este projeto insere-se nesta dinâmica de inovação, explorando duas vertentes distintas mas complementares: a digitalização 3D aplicada ao património e a conceção de um robô de 6 eixos utilizando a impressão 3D.

A digitalização em 3D, nomeadamente no domínio da conservação do património, abre novas perspectivas para a preservação e a valorização dos monumentos históricos. Permite captar detalhes arquitectónicos e artísticos com grande precisão, garantindo uma documentação fiel das obras, facilitando simultaneamente o seu restauro e estudo. Neste projeto, o exemplo da Porta Mansour Dourada em Meknes foi utilizado para ilustrar o potencial destas tecnologias na proteção e valorização do nosso património cultural.

Ao mesmo tempo, o desenvolvimento e o fabrico de um robô de 6 eixos a tecnologia de impressão 3D (FDM) demonstra a eficiência e a flexibilidade dos métodos de fabrico aditivo. Este processo permite conceber sistemas mecânicos complexos, reduzindo simultaneamente os custos e os tempos de produção. Através de uma abordagem inovadora, este projeto evidencia as possibilidades oferecidas pela impressão 3D na conceção de soluções robóticas avançadas.

Este livro oferece uma análise aprofundada destes dois aspectos, destacando as principais etapas da digitalização e do fabrico aditivo, ao mesmo tempo que explora os desafios técnicos e as soluções implementadas para atingir os objectivos estabelecidos.

Resumo

O projeto que realizámos dividiu-se em duas fases distintas, cada uma com os seus próprios objectivos técnicos e metodológicos.

A primeira fase centrou-se num processo de engenharia inversa aplicado às portas monumentais de Meknes, um património cultural que exige uma reprodução fiel. Começámos por digitalizar as portas para captar a sua geometria complexa. Os dados obtidos foram depois tratados com o software especializado Geomagic Design e Wrap, que permite reconstruir e modelizar as superfícies. Uma vez processadas e optimizadas as superfícies, utilizámos um cortador para preparar os modelos para a impressão 3D. A utilização desta tecnologia permitiu-nos reproduzir os pormenores arquitectónicos das portas com grande precisão, tirando simultaneamente partido dos métodos de fabrico digital.

A segunda fase do projeto foi dedicada ao fabrico de um robô de seis eixos utilizando a tecnologia FDM (Fused Deposition Modeling). O objetivo desta parte era combinar o design mecânico e a impressão 3D para produzir um robô capaz de se mover em seis graus de liberdade, simulando aplicações robóticas complexas. O processo envolveu várias fases, incluindo a modelação das peças do robô, a simulação de movimentos e a validação da viabilidade mecânica. Utilizando a impressão FDM, foi possível fabricar as várias peças e montá-las, demonstrando a capacidade desta tecnologia para produzir componentes funcionais e robustos para aplicações robóticas.

Estas duas fases do projeto foram particularmente gratificantes, uma vez que nos permitiram explorar tanto o campo artístico como o técnico, utilizando tecnologias de ponta. Não só reforçámos as nossas competências em engenharia inversa, impressão 3D e robótica, como também desenvolvemos uma melhor compreensão dos processos de fabrico digital aplicados a contextos tão variados como o património cultural e a inovação tecnológica.

Introdução geral

Este projeto tem duas vertentes complementares, oferecendo uma oportunidade para explorar perspectivas técnicas e tecnológicas inovadoras.

A primeira parte é dedicada à aplicação das tecnologias de digitalização e de engenharia inversa no domínio do património. Estas ferramentas abrem novas perspectivas para a preservação, o restauro e a valorização do património cultural. Implementámos técnicas de captura 3D e de modelização digital para criar representações fiéis de objectos emblemáticos do património.

A segunda parte centra-se na conceção e fabrico de um protótipo de robô de 6 eixos. Para o efeito, optámos pelo fabrico aditivo, mais especificamente pela impressão 3D, para produzir os componentes mecânicos deste sistema robótico. Esta abordagem inovadora permitiu-nos redefinir a conceção do braço robótico e explorar novas possibilidades técnicas. Além disso, foi desenvolvido um programa de controlo baseado na plataforma Arduino para controlar com precisão os movimentos coordenados dos vários eixos.

Embora distintos, estes dois aspectos estão unidos por uma abordagem comum da inovação tecnológica e da exploração das possibilidades oferecidas pelas ferramentas digitais. Este projeto permitiu-nos desenvolver uma visão global das questões técnicas, científicas e sociais associadas à utilização das tecnologias modernas.

Este relatório apresenta as principais etapas da nossa abordagem, as escolhas técnicas feitas e os resultados obtidos para cada parte do projeto.

Parte 1

Digitalização e impressão 3D no sector do património

A preservação do nosso património cultural é um dos maiores desafios do nosso tempo. Perante a deterioração das obras de arte e a dificuldade de acesso do público em geral, a digitalização e as tecnologias de impressão 3D representam enormes oportunidades. Nesta segunda parte, exploraremos a forma como estas inovações tecnológicas permitem captar fielmente a essência das peças do património, preservá-las ao longo do tempo e partilhá-las mais amplamente.

Introdução

A preservação e a valorização do património cultural são questões importantes na sociedade contemporânea. Perante os desafios colocados pela deterioração e destruição de muitos sítios e artefactos históricos, as novas tecnologias emergentes oferecem soluções inovadoras para digitalizar e salvaguardar este precioso património, e a utilização da engenharia inversa e da impressão 3D utilizando a estereolitografia (SLA) está a revelar-se particularmente relevante neste contexto.
Esta abordagem tem muitas vantagens para a preservação do património. Facilita a conservação, o estudo e a exposição dos objectos, reduzindo simultaneamente o risco de danos. Além disso, a impressão 3D SLA oferece uma alta resolução, permitindo a reprodução dos mais pequenos detalhes dos objectos.
Para além de preservar o nosso património, a sua digitalização abre também caminho a uma maior acessibilidade e divulgação do conhecimento.
Nas secções seguintes, detalharemos as diferentes fases da engenharia inversa e da impressão 3D SLA aplicadas à digitalização do património, bem como os desafios técnicos e as perspectivas oferecidas por estas tecnologias.

I. Contexto industrial

No contexto da evolução dos condicionalismos de conceção (prazos de conceção mais curtos, aumento do número de condicionalismos, aumento do número de integrações de funções, miniaturização, etc.) e do desenvolvimento de produtos novos e inovadores, uma empresa que pretenda conservar e/ou adquirir novas quotas de mercado deve melhorar o seu controlo do tríptico: custo, prazo de execução e qualidade.

- **Custos:** 80% dos custos (de desenvolvimento e industrialização) são incorridos nas fases iniciais da conceção (10 a 15% do tempo total); consequentemente, as escolhas de conceção devem ser validadas o mais cedo possível;
- **Qualidade:** o produto deve satisfazer os requisitos de sinalização, utilização e troca, bem como de capacidade de produção; quaisquer erros de conceção que conduzam a modificações dispendiosas e a atrasos devem ser detectados o mais cedo possível;
- **Prazos**: face às flutuações do mercado, uma empresa que queira ser competitiva deve ser capaz de desenvolver mais rapidamente os seus novos produtos. Um atraso de seis meses na colocação de um produto no mercado pode reduzir os lucros em 33%, ao passo que uma ultrapassagem do orçamento de investigação apenas resultaria numa perda de 5%.

Para responder a estes critérios essenciais de sucesso, as empresas tiveram de adaptar os seus processos de conceção, mas também de ter em conta o aparecimento de novas tecnologias.
Os sistemas modernos atingiram um nível de sofisticação tal que seria difícil de imaginar utilizando os métodos tradicionais. Além disso, o aparecimento de novos métodos de trabalho, como a engenharia simultânea, permite ter em conta todas as fases do ciclo de vida de um produto e desenvolver conjuntamente o produto e os seus meios de produção. Quatro conceitos principais caracterizam a engenharia simultânea:

- **Simultaneidade**: a participação paralela de actividades (e tarefas), serviços (e profissões) reduz o desperdício e o tempo perdido, nomeadamente ao evitar prazos de execução excessivamente longos;
- **Concorrência:** explorando diferentes variantes de um produto para selecionar a solução mais adequada ao problema colocado;
- **Repartição do projeto em subprojectos com interfaces claramente identificadas**;
- **Integração:** a conceção de um produto exige um vasto leque de competências profissionais (marketing, ergonomia, eletrónica, mecânica, métodos, etc.), reunidas num grupo de projeto presente durante todo o ciclo de vida do produto.

II. Exploração profundaengenharia reversa no Departamento de Análise e Inovação

A engenharia inversa é um processo sistemático através do qual um objeto, sistema ou produto é analisado para compreender o seu funcionamento interno, a sua estrutura e os métodos utilizados na sua conceção ou fabrico. Este processo envolve geralmente a recolha de dados sobre o objeto em estudo, tais como medições, imagens ou especificações técnicas. Estes dados são depois analisados e interpretados para reconstruir ou modelar o objeto, no todo ou em parte. Para explorar este processo de engenharia inversa com mais pormenor, vejamos as principais fases envolvidas:

1. Digitalização 3D

(1) Introdução

Os recentes avanços na tecnologia informática alteraram significativamente a forma como percepcionamos os objectos. Em vários processos industriais, uma simples fotografia já não é suficiente, e a necessidade de recuperar a geometria de um produto real existente em 3D é cada vez mais frequente. A digitalização 3D é uma técnica que permite a criação e a descrição de um modelo digital de um "objeto físico" sob a forma de uma "nuvem de pontos".

A conceção/industrialização/fabricação de produtos mecânicos já não é o único domínio em que estes princípios são utilizados. Hoje em dia, a medição de objectos em 2D, e ainda mais em 3D, tornou-se uma ferramenta indispensável em muitos domínios conexos: automóvel, aeronáutica, eletrónica, medicina, património, bens de luxo, etc.

O mercado desta técnica está ainda em desenvolvimento e deverá expandir-se significativamente nos próximos anos numa vasta gama de aplicações: *engenharia inversa, cópia de formas, estética, biotecnologia, inspeção, etc.*

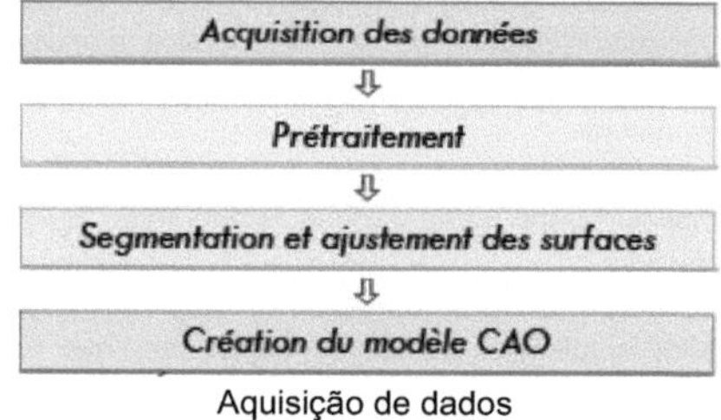

Aquisição de dados
Pré-tratamento
Segmentação e ajustamento de superfícies
Criação de modelos CAD

Figura 1: Etapas básicas da engenharia inversa

Os actuais sistemas de digitalização 3D podem captar dados com rapidez e precisão a densidades muito elevadas, permitindo representar até os mais pequenos detalhes da superfície. No entanto, os dados recolhidos estão longe de ser ideais e sofrem de vários problemas, como a falta de informação sobre certas regiões, o ruído proveniente de diferentes fontes, as múltiplas vistas, etc. Dada a complexidade das formas digitalizadas, o de aquisição utilizado e a aplicação pretendida, a imagem digital adquirida requer um certo grau de pré-processamento para a tornar utilizável (Figura 1).

O objetivo desta secção do Apêndice 3 é destacar as diferentes caraterísticas dos sistemas de digitalização 3D.

(2) Cadeia de digitalização

A cadeia de digitalização é composta por componentes de hardware e software: um sistema de aquisição, um sistema de movimentação e um sistema de processamento. A qualidade dos dados e das informações em termos de precisão depende do desempenho de de cada um destes elementos, que devem ser coerentes entre si para se manterem tão fiéis quanto possível à forma inicial do objeto (Figura 2).

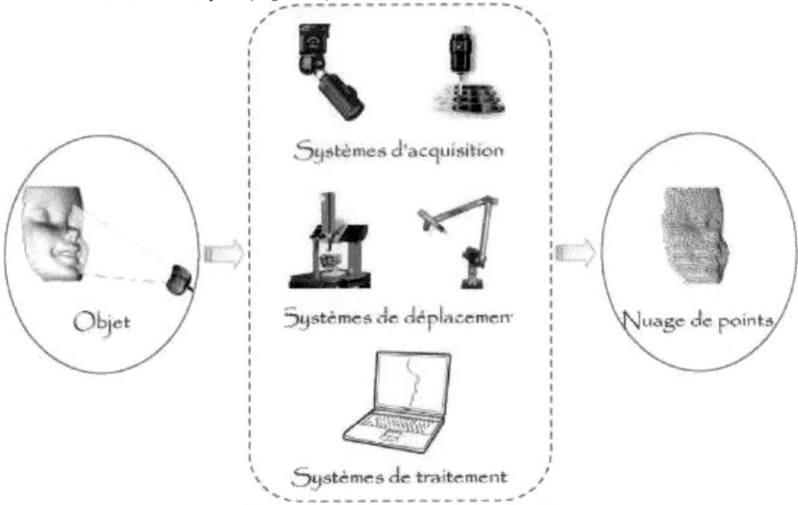

Figura 2: Cadeia de digitalização 3D

a. Sistemas de aquisição

Os sistemas de aquisição permitem a observação e a digitalização da cena. Utilizam uma vasta gama de tecnologias e são geralmente designados por sensores 3D. de aquisição podem ser classificadas de acordo com o tipo de sensores utilizados: *sensores com ou sem contacto.*

b. Sensores 3D de contacto

Os sensores de contacto são derivados da metrologia tridimensional e requerem um sistema de deslocamento. Utilizam uma caneta rígida para detetar o contacto mecânico com a superfície do objeto e registar as coordenadas cartesianas do ponto que está a ser sondado. Existem duas técnicas diferentes de sondagem por contacto: discreta "ponto a ponto" com um sensor de disparo dinâmico (Figura *3a*) e "seguimento de formas" com um sensor de varrimento contínuo (Figura *3b*).

A sondagem por contacto oferece a vantagem de uma precisão muito elevada. A força exercida pela caneta sobre o objeto é fraca, "da ordem de 0,02 N/mm^2", mas pode afetar a captação de pontos em peças muito deformáveis. A limitação de um sistema de digitalização deste tipo reside na velocidade aquisição

Figura 3: Apalpadores Renishaw ponto-a-ponto e de seguimento de formas apalpadores "tracking

Com o sensor ponto a ponto, são geralmente necessários vários dias para digitalizar uma peça com algumas centenas de milhares de pontos. O sensor de seguimento de formas, por outro lado, permite uma digitalização densa em tempos razoáveis, mas requer a utilização de um sistema de movimento automático.

c. Sensores 3D sem contacto

Os sensores 3D sem contacto são muito diversos e as tecnologias e os princípios físicos utilizados são variados (Figura 4) e (Figura 5). Podem ser agrupados de acordo com as suas propriedades:

activos ou passivos, se o ambiente for iluminado ou não; monoculares ou multi-oculares, se o sistema produzir uma ou mais imagens.

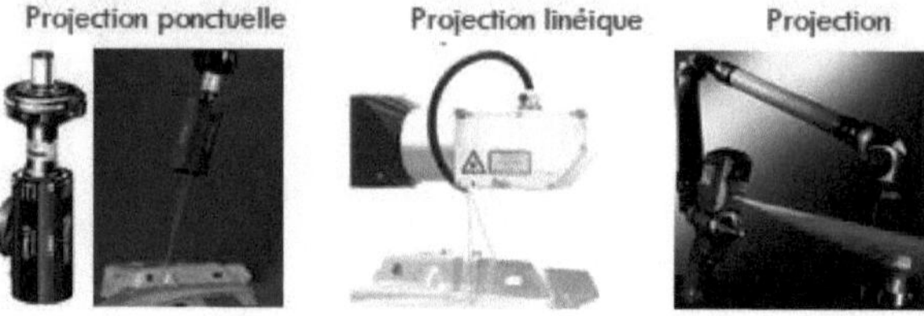

Figura 4: Varrimento de uma superfície utilizando um sistema de varrimento sem contacto

Figura 5: Scanner laser 3D portátil para produtos de grandes dimensões

As técnicas mais utilizadas são a triangulação, a telemetria e o processamento de imagens.

A Triangulação laser: consiste em dispor em triângulo uma fonte de luz (geralmente um raio laser), o objeto a digitalizar e um sensor (uma câmara Charge Coupled Device). O conhecimento das caraterísticas do emissor e do recetor e a interpretação da radiação reflectida permitem obter informações tridimensionais.

A Telemetria consiste em medir a distância entre o objeto e o emissor-recetor direção da transmissão-receção de uma onda. A onda pode ser de diferentes tipos: laser "onda de luz"; sonar "onda ultra-sónica"; radar "onda de rádio".

A O tratamento de imagem é uma técnica de pleno direito no domínio da digitalização 3D. A sua principal vantagem em relação às técnicas de triangulação ou de telemetria é o facto de fornecer a estrutura interna do objeto, o que é absolutamente essencial na imagiologia médica (tomografia de raios X, ressonância magnética, ecógrafos, etc.).

(3) Sistemas de viagem

Na prática, as limitações devidas à acessibilidade e ao campo de visão do equipamento de digitalização 3D implicam frequentemente o aumento do número de graus de liberdade na translação e/ou rotação do sensor em relação ao objeto. São utilizados dois tipos principais de estrutura para alcançar todas as posições no espaço:

estruturas "cartesianas" (Figura *6a*): tipicamente uma máquina de medição por coordenadas mais rotações adicionais adicionadas ao sensor (cabeça motorizada ou bloco de posicionamento manual) e à peça, colocando-a numa mesa giratória.

i Estruturas "polares" (Figura *6b)*: braços poliarticulados, robots, plataformas giratórias,

(a) Machine à mesurer

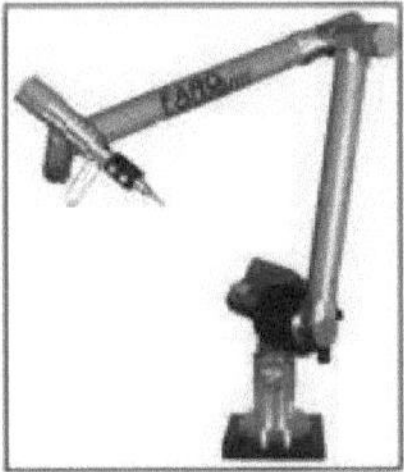

(b) Bras-articulé

Figura 6: Exemplo de um transportador que executa a função "mover"

2. Modelação 3D

O objetivo desta secção do Apêndice 3 é apresentar a fase de pré-processamento das nuvens de pontos digitalizadas e avaliar o desempenho e as limitações das funções de filtragem e de pré-modelação quando se trata de modelos ruidosos.

2.1 Sistemas de tratamento

Os sistemas de processamento gerem a sincronização do sistema de deslocação com o sistema de aquisição e processam os dados do sensor para uma formatação adequada. A função do software de processamento é estabelecer a relação de transição entre os dados 1D/2D e 3D correspondentes. É também utilizado para efetuar as operações associadas ao pré-processamento: reposição de vistas, limpeza de dados, qualificação de pontos, etc.

É ao nível do sistema de processamento que o utilizador pode introduzir certos parâmetros que reflectem as suas necessidades relativamente às especificações. Ele escolhe o passo de digitalização, a resolução mínima e também o tipo de dados que pretende obter. É assim que estabelece a sua estratégia de digitalização.

2.2 - Pré-processamento de nuvens de pontos digitalizadas

Os dados de um sistema de digitalização 3D sem contacto são frequentemente discretos, densos, não homogéneos e ruidosos. A fase de pré-processamento inclui operações como :

- Redefinição ou consolidação de vistas.
- Filtragem ou limpeza de dados.

a. Relocalização de várias vistas

Para obter uma imagem completa da superfície do objeto, é necessário digitalizar várias vistas. O realinhamento ou consolidação das vistas consiste em exprimir todas as nuvens de pontos digitalizadas no mesmo quadro de referência. Se considerarmos uma nuvem de pontos n1 da vista 1 expressa no quadro R1 e uma nuvem de pontos n2 da vista 2 expressa no quadro R2, a nova digitalização permite definir a transformação a aplicar a n1 de modo a fazer coincidir uma parte dos dados desta última com n2 na sua zona de sobreposição.

i. Reinicialização manual

O registo manual consiste em pedir ao operador que digitalize, em cada vista, elementos geométricos específicos, tais como esferas de registo, ao mesmo tempo que o objeto, ou que designe as zonas de sobreposição em cada nuvem de pontos, com base nas caraterísticas notáveis do objeto. As matrizes de transformação são então calculadas para colocar todos os dados no mesmo quadro de referência (Figura 7).

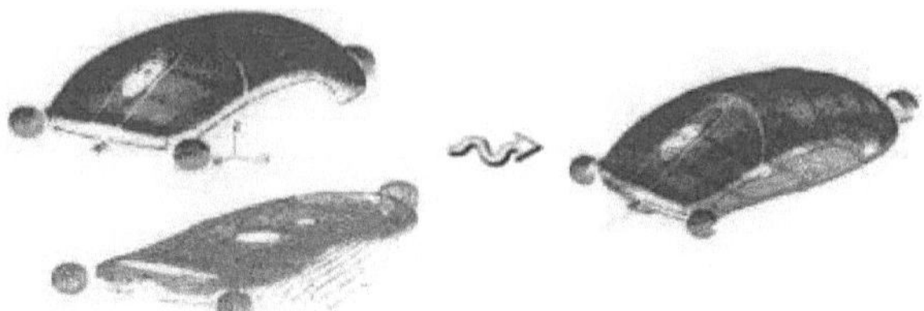

Figura 7: Mapeamento de esferas ideais

ii. *Reinicialização automática*

O registo automático envolve a correspondência automática de vistas sobrepostas através do reconhecimento e mapeamento de caraterísticas geométricas comuns. [1]O método ICP é normalmente utilizado, uma vez que combina a correspondência automática (associando qualquer ponto da primeira caraterística ao ponto mais próximo da segunda caraterística) e a identificação da transformação (otimização por mínimos quadrados das deslocações que melhor alinham as caraterísticas correspondentes).

b. Filtragem de dados digitalizados

Várias causas de ruído podem afetar o processo de digitalização: ruído ótico devido à imperfeição das lentes que constituem a câmara, ruído eletrónico devido à imperfeição dos componentes e ruído mecânico vibratório devido às diferentes folgas de funcionamento das ligações. Na maioria dos casos, aparecem sob a forma de porções rugosas e pontos dispersos de um lado e de outro da superfície discretizada, denominados "out liners". Podem ser tratados através de vários métodos:

A Filtragem por hardware: integração de filtros adequados à natureza do ruído na fase de digitalização.

A Filtragem de software: desenvolvimento de algoritmos de deteção e filtragem de dados ruidosos nas nuvens de pontos geradas.

A Filtragem hardware-software: combinação total ou parcial dos dois primeiros métodos.

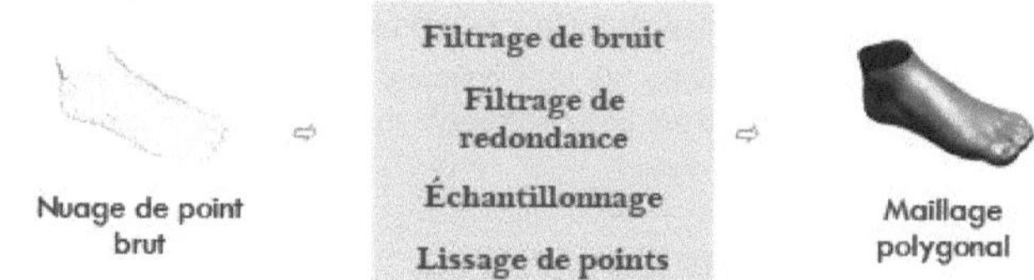

Nuvem de pontos em bruto

Filtragem de ruído Filtragem de redundância Amostragem Suavização de pontos

Malha poligonal

Figura 8: Fase de pré-processamento: filtragem de ruído

Os softwares comerciais mais utilizados neste domínio são : Rapidform, Geomagic, o módulo Spider do Alias Studio, Polyworks e o módulo Digitized Shape Editor do Catia. Estes programas oferecem funções de recuperação, visualização, edição e manipulação de nuvens de pontos densas de forma rápida e fácil.

c. Malha dos modelos filtrados

A malha é uma pré-modelação em que passamos de uma nuvem de pontos não estruturada para um modelo bem estruturado de um ponto de vista geométrico e topológico.

[1] Ponto mais próximo iterativo

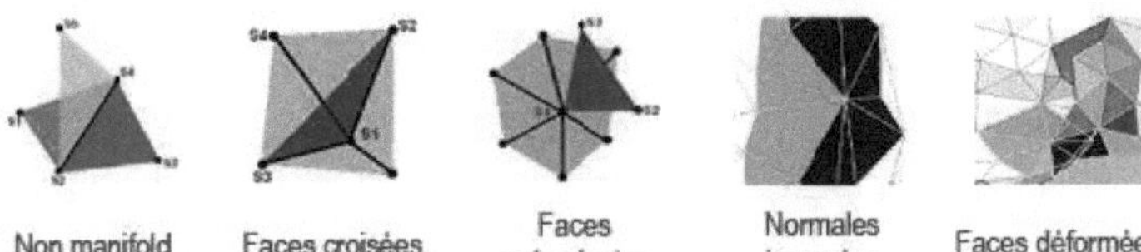

Não-manifold Faces cruzadas Faces redundantes
Normais invertidas Faces deformadas

Figura 9 Tipos de faces anómalas.

A Figura 9 ilustra os tipos de faces anómalas encontradas numa malha. Os programas Rapidform e Polyworks oferecem funções para a deteção destas anomalias.

A comparação das malhas dos modelos filtrados com o modelo de referência em bruto revela o seu grau de concordância e permite estimar se a malha pode gerar uma segmentação correta. A ilustração utiliza o coelho de Stanford disponível na literatura para realçar a qualidade das malhas implementadas nos softwares comerciais mais utilizados: Rapidform, Geomagic, o módulo Spider do ALIAS Studio, Polyworks e o módulo Digitized Shape Editor do CATIA (Figura 10).

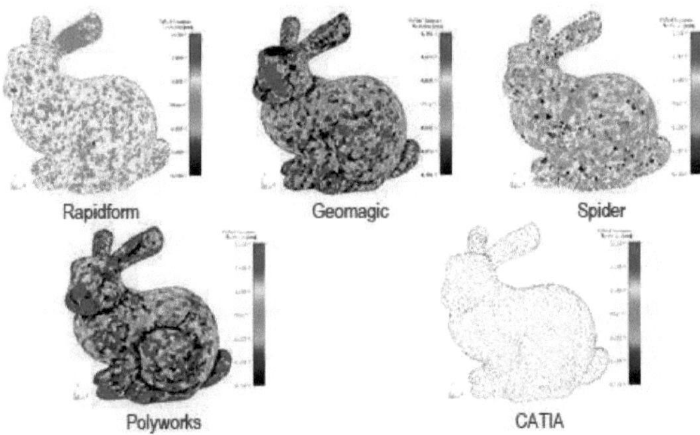

Figura 10: Comparação dos modelos poligonais com a nuvem de pontos filtrada

2.3 Partição ou segmentação de uma nuvem de pontos

a. Estruturação ou pré-modelação de dados

A fase de pré-modelação é utilizada para estruturar os dados. As possibilidades incluem o modelo poliédrico, o modelo de superfície e o modelo de
(Figura 11).

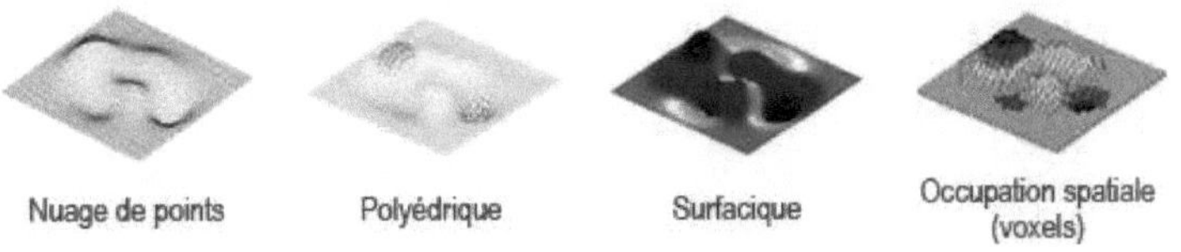

Nuvem de pontos poliédrica Superfície Ocupação espacial (voxels)

Figura 11: Modelos de representação de dados

As malhas triangulares são as mais utilizadas porque representam uma solução preferida para a indústria devido à sua simplicidade e flexibilidade.

b. Segmentação de uma nuvem de pontos

A segmentação é o processo de partição da malha em regiões homogéneas. A segmentação tornou-se uma questão importante devido à complexidade da sua implementação e à multiplicidade de aplicações que dela dependem. Os métodos de segmentação podem ser classificados em duas categorias:

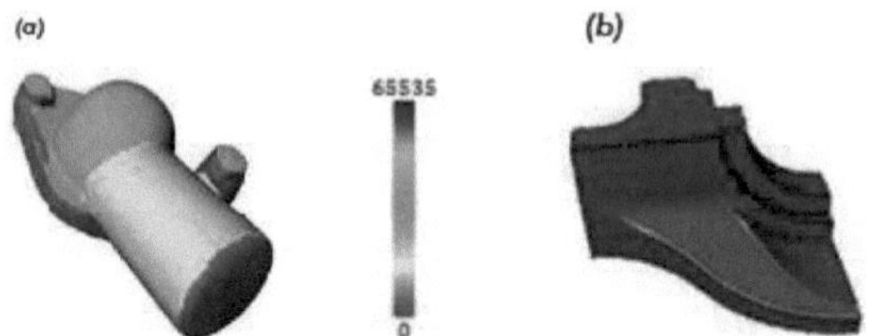

Figura 12: Crescimento da região (a) e deteção de concursos (b

A As técnicas de identificação de regiões podem ser utilizadas para dividir a malha triangular em manchas de superfície homogéneas (Figura *12a*).

A As técnicas de deteção de contornos procuram pontos de descontinuidade em caraterísticas locais. No processamento de imagens 2D, os contornos frequências elevadas e detectados através da análise do gradiente da imagem. Para uma malha 3D, um contorno pode ser detectado através da análise da orientação das normais (Figura *12b*).

A segmentação híbrida (ou segmentação cooperativa de fronteiras/regiões) é utilizada para dividir a nuvem de pontos pré-processada em subconjuntos homogéneos. Consiste em localizar os contornos que delimitam as diferentes regiões na nuvem de pontos utilizando uma abordagem de fronteira. A informação obtida sobre a posição dos contornos será utilizada reforçar os critérios de paragem na abordagem de crescimento da região.

3. Prototipagem rápida

3.1-Definição

Uma nova revolução industrial com as chamadas impressoras 3D ou máquinas de prototipagem rápida (Figura 13).

Figura 13: Exemplos impressoras 3D

As tecnologias de prototipagem rápida abrem a porta a processos de fabrico rápido que podem ser implementados direta e localmente, tornando possível produzir objectos rapidamente em pequenas séries e com muitas variantes, o que não é possível com tecnologias mais tradicionais. Além disso, as impressoras 3D são capazes de produzir peças altamente complexas que são impossíveis de moldar ou maquinar, com vários componentes já montados e fabricados numa única etapa (Figura 14).

Figura 14: Prototipagem rápida: modelos e objectos impressos em 3D

O termo "prototipagem rápida" abrange uma série de processos que reproduzem fisicamente um objeto 3D a partir de um plano transcrito num ficheiro CAD. As diferentes técnicas de prototipagem rápida obter modelos num espaço de tempo muito curto, possibilitando a validação do projeto do ponto de vista estético, geométrico, funcional ou tecnológico. A prototipagem rápida integra três conceitos essenciais: tempo, custo e complexidade das formas.

- Tempo: o objetivo da prototipagem rápida é produzir modelos rapidamente, de modo a reduzir o tempo de desenvolvimento do produto.
- CoOt: a prototipagem rápida permite produzir protótipos sem a necessidade de ferramentas dispendiosas, garantindo ao mesmo tempo o desempenho do produto final. Isto significa que podem ser exploradas diferentes variantes do produto em desenvolvimento, a fim de selecionar a solução mais adequada.
- Formas complexas: as máquinas que material são capazes de produzir formas extremamente complexas (inclusões, cavidades, etc.) que não podem ser obtidas por processos como a maquinagem.

3.2-Recursos informáticos

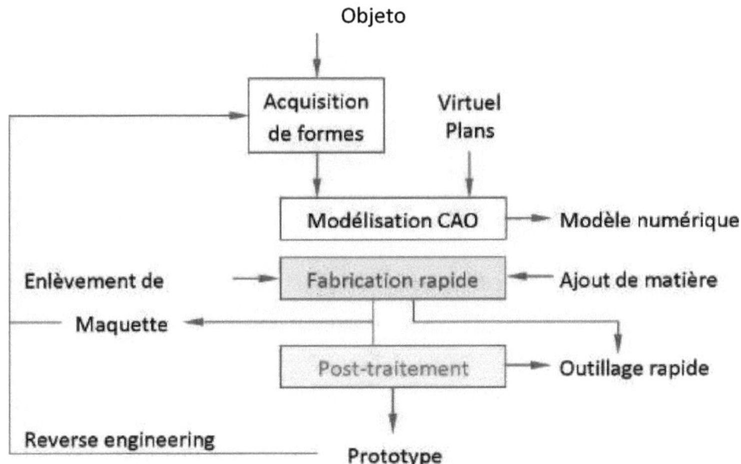

Objet réel Acquisition de formes Pré-modélisation

Modélisation CAO Impression 3D

Objeto real Aquisição de formas Pré-modelação
Modelação CAD Impressão 3D

Figura 15: Processo de prototipagem rápida

Os recursos de TI que estão a tornar-se cada vez mais importantes na prototipagem rápida são (Figura 15):

- engenharia inversa (sistemas de aquisição de formas combinados com software de reconstrução de superfícies);
- Conceção assistida por computador (CAD), processos de fabrico que envolvem a adição e a remoção de material;
- Pós-processamento, como a duplicação através de moldes de silicone, fundição por cera perdida, etc.

3.3-Materiais

Foram desenvolvidos sistemas de matérias-primas para utilização com impressoras 3D. O pó não utilizado pode ser reciclado para reduzir os custos de impressão.

Figura 16: Materiais

3.4-Etapas da produção de um modelo

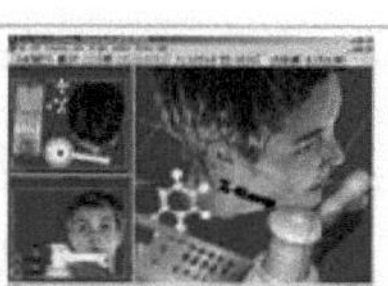

Produtos não tóxicos Pó de celulose Pó de plástico Pó de gesso Pó de cerâmica

1. Conception 2. Formatage 3. Impression

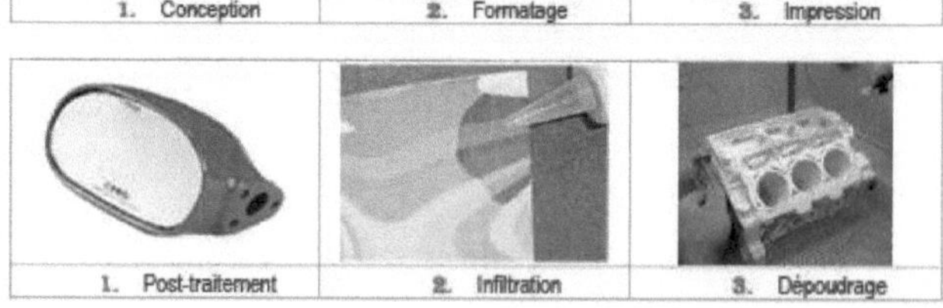

*Conceção **2.** Formatação **3.** Impressão*
***1.** Pós-tratamento **2.** Infiltração **3.** Dessoldagem*
Figura 17: Materiais

III. As muitas faces da engenharia inversa: aplicações inovadoras em diversos domínios

Embora frequentemente associada à conceção de produtos, a engenharia inversa também tem aplicações práticas em vários domínios. Na indústria transformadora, por exemplo, é utilizada para analisar e melhorar produtos existentes, identificando falhas de conceção e propondo soluções inovadoras. Na engenharia mecânica, a engenharia inversa é inestimável para a engenharia inversa de peças obsoletas ou indisponíveis, prolongando assim a vida útil do equipamento e reduzindo os custos de substituição.

1- Engenharia inversa e reconstrução de superfícies

A engenharia inversa de ambientes e a reconstrução de superfícies são dois domínios de aplicação semelhantes na sua metodologia, mas distintos no seu objetivo. O objetivo é obter modelos CAD que se aproximem o mais possível da nuvem de pontos.

1.1- Engenharia inversa de ambientes

A engenharia inversa de ambientes consiste em obter modelos CAD de ambientes artificiais complexos e de grande escala, como a arquitetura civil ou industrial (Figura 18). Neste caso, a modelação é mais frequentemente efectuada com aquilo a que chamamos "primitivos geométricos simples": plano, cilindro, toro, esfera, cone.

Figura 18: Fábrica de produtos químicos Dupont de Nemours, Vitória (imagem MENSI)

1.2- Reconstrução da superfície

A reconstrução de superfícies na modelação geométrica é um processo envolve a modelação de superfícies matemáticas (superfícies mais complexas: superfícies Splines, NURBS, Bézier) ou a reprodução idêntica de objectos fabricados.

Figura 19: Reconstrução da superfície e impressão 3D (Boeing 777)

A reconstrução de superfícies é hoje utilizada na conceção de numerosos objectos, tanto domésticos (aspiradores, telefones, brinquedos, etc.) como industriais (automóveis, aeronáutica, etc.). (Figura 19).

2- Fabrico assistido por computador CAM

O fabrico é, obviamente, essencial para a produção final de um produto. As técnicas recentes de fabrico assistido por computador utilizam superfícies digitalizadas de peças para copiar formas e adaptar trajectórias de maquinagem. (Figura 20).

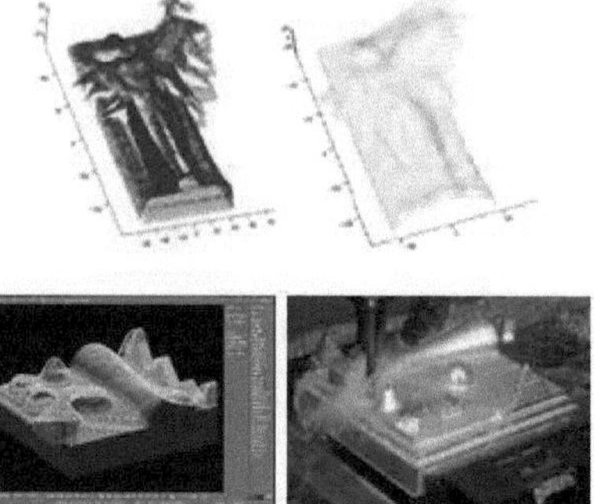

Figura 20: Exemplo de percursos de maquinagem para modelos CAD digitalizados

3- Biotecnologia

Muitos "ortotistas utilizam scanners para registar a forma de um doente. Esta técnica está a substituir gradualmente o demorado molde de gesso. O software CAD/CAM é utilizado para criar e fabricar ortóteses ou próteses.

Figura 21: Aplicação à cabeça femoral de uma prótese total da anca

4- Património cultural

Uma forma de obter informações tridimensionais sobre o património de um edifício é redesenhar a geometria parametrizada de estruturas inexistentes a partir de manuscritos, utilizando ferramentas CAD, e modelar e dimensionar o património existente utilizando sistemas de digitalização e prototipagem.

Figura 22: Modelo de nuvem de pontos de uma porta

Neste contexto, um dos objectivos deste projeto é utilizar a análise de imagens 3D para determinar o impacto das modificações de restauro estrutural nos fenómenos de meteorização. [1]

5- Entretenimento

Os scanners 3D são utilizados pela indústria do entretenimento para criar modelos 3D para filmes e jogos de vídeo. Se existir uma representação física de um modelo, é muito mais rápido digitalizá-la do que criá-la manualmente utilizando software de modelação 3D. Muitas vezes, os artistas esculpem um modelo físico e digitalizam-no em vez de fazerem uma representação digital diretamente num computador.

Para além dos estudos de caso apresentados, este projeto constituiu também oportunidade para explorar as técnicas de digitalização 3D e de impressão aditiva num contexto mais genérico. O primeiro passo para a descoberta destes métodos foi a digitalização a laser de um simples rato de secretária. Esta abordagem de engenharia inversa gerou uma nuvem de pontos detalhada do objeto. Esta nuvem de pontos foi depois processada utilizando o software Geomagic Design para reconstruir um modelo 3D digital fiel sob a forma de um ficheiro STL pronto para impressão. Esta experiência preliminar não só familiarizou a equipa com todo o fluxo de trabalho, aquisição de dados até ao fabrico, como também demonstrou a versatilidade destas tecnologias para a digitalização de objectos de diferentes dimensões e complexidade. O exercício criou assim uma base sólida para enfrentar com confiança os desafios mais ambiciosos da preservação do património cultural apresentados nos estudos de caso. [2]

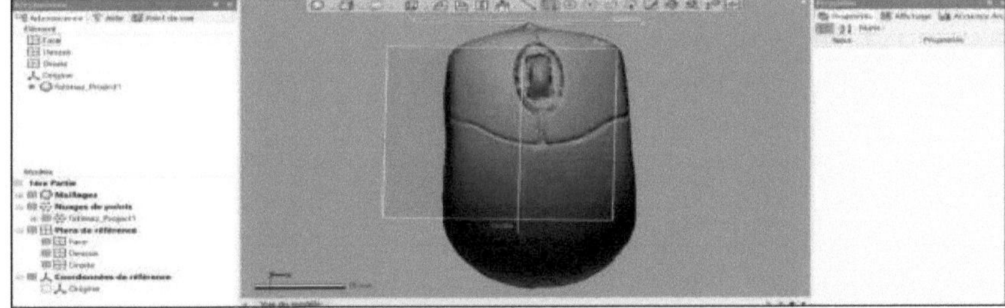

Figura 24: Análise do modelo pelo Geomagic Design

Figura 23: Processamento do rato pelo Geomagic Design

IV. Conservação virtual: o papel transformador da engenharia inversa no património cultural

No domínio do património, a engenharia inversa reveste-se de particular importância para a preservação e a valorização dos bens culturais e históricos. Utilizando técnicas avançadas de digitalização, como a fotogrametria e a digitalização a laser, é possível criar representações digitais precisas e detalhadas de monumentos, artefactos e sítios históricos.

Estes modelos digitais permitem documentar meticulosamente os pormenores arquitectónicos, artísticos e históricos das obras do património, facilitando a sua conservação a longo prazo. Oferecem também oportunidades únicas de investigação, educação e promoção turística.

Os historiadores e arqueólogos podem utilizar estes modelos para estudar a evolução dos monumentos, reconstruir a sua história e compreender melhor o seu significado cultural.

Os educadores podem integrar estes modelos em programas educativos interactivos, proporcionando aos alunos uma experiência imersiva e envolvente de descoberta do património. Por último, os modelos digitais podem ser utilizados para criar visitas virtuais, aplicações móveis e outras ferramentas digitais, permitindo aos visitantes de todo o mundo descobrir e apreciar o património cultural de formas inovadoras e acessíveis. [3]

Exemplos reais ilustram esta abordagem transformadora: a reconstrução da Catedral de Notre-Dame em Paris, que foi gravemente danificada por um incêndio em 2019, baseia-se na engenharia inversa para restaurar com precisão os seus elementos arquitectónicos emblemáticos. Do mesmo modo, o património mundial da China foi reconstruído com recurso à impressão 3D. De facto, a impressão 3D foi utilizada para produzir uma reprodução de uma das grutas de Yungang. O local é um templo budista com uma grande quantidade de grutas incluídas lista de monumentos do património mundial da UNESCO. Foi escavado nos séculos V e VI d.C. e compreende um total de 252 grutas, 51.000 estátuas e uma área esculpida de 18.000 metros quadrados.

A Unesco não faz segredo da sua importância. Segundo a Unesco, as grutas "constituem uma obra-prima clássica do primeiro apogeu da arte budista chinesa", permitindo aos visitantes reviver a história e a espiritualidade deste sítio antigo.

Em suma, a engenharia inversa desempenha um papel essencial na preservação e promoção do património, oferecendo formas inovadoras de documentar, estudar e partilhar os tesouros culturais do passado para as gerações futuras. [4]

Figura 25: Modelo 3D da catedral de Notre Dame de Pris

Figura 26: O sítio do Património Mundial na China

V. Engenharia inversa e digitalização 3D para o património arquitetónico

1. Aplicação da engenharia inversa à porta do Museu Mohammed 5

em Rabat

Na aplicação da engenharia inversa aos monumentos históricos de Marrocos, a Porta do Museu Mohammed 5, em Rabat, é um exemplo emblemático da riqueza arquitetónica e cultural do país. Historicamente, esta majestosa porta testemunha o engenho arquitetónico marroquino e o artesanato tradicional. A sua arquitetura impressionante, caracterizada por arcos de pedra esculpida e motivos decorativos intrincados, faz dele um símbolo histórico importante da região.

No âmbito do nosso projeto de engenharia inversa, a digitalização em 3D da Porta do Museu Mohammed 5 reveste-se de particular importância. Pretendemos aplicar técnicas de captura de dados, como a fotogrametria, utilizando uma aplicação chamada KIRI ENGINE, para documentar todos os detalhes arquitectónicos desta estrutura emblemática. As primeiras etapas consistirão efetuar levantamentos precisos no terreno, captando imagens do portão no seu ambiente.

Figura 28: Digitalização da porta por fotogrametria *Figura 27: Aplicação utilizada para a digitalização*

Estes dados depois processados e fundidos para criar um modelo 3D detalhado e realista da Porta do Museu Mohammed 5.

Para além de capturar as formas e as dimensões, o nosso projeto também incluiu a restauração das texturas e dos detalhes decorativos caraterísticos da porta. Utilizando técnicas avançadas de pós-processamento, conseguimos recriar os padrões complexos e a ornamentação tradicional que adornam a superfície da porta, preservando a sua autenticidade e estética originais graças ao software Geomagic Design, Geomagic Wrap e Meshmixer.

Figura 29: Processamento da nuvem de pontos do Geomagic Design

Como resultado, o nosso modelo digital da Porta do Museu Mohammed 5 não só fornecerá uma representação visual exacta desta estrutura histórica, como também servirá como uma ferramenta valiosa para a sua preservação, documentação e divulgação ao público, ajudando a promover o património cultural de Marrocos.

No seguimento da nossa abordagem de engenharia inversa e digitalização 3D, uma vez obtido o

modelo digital em formato STL, começámos a processá-lo utilizando software de corte com vista à impressão 3D. Este processo de corte é de importância crucial na preparação do modelo para o fabrico aditivo. O slicer é utilizado para segmentar o modelo em camadas sucessivas, determinando assim trajectórias de impressão e os parâmetros necessários para produzir cada camada.
Este passo é essencial para garantir a qualidade e a precisão da impressão 3D, tendo em conta factores como a resolução, a densidade de preenchimento e quaisquer suportes necessários. [5]

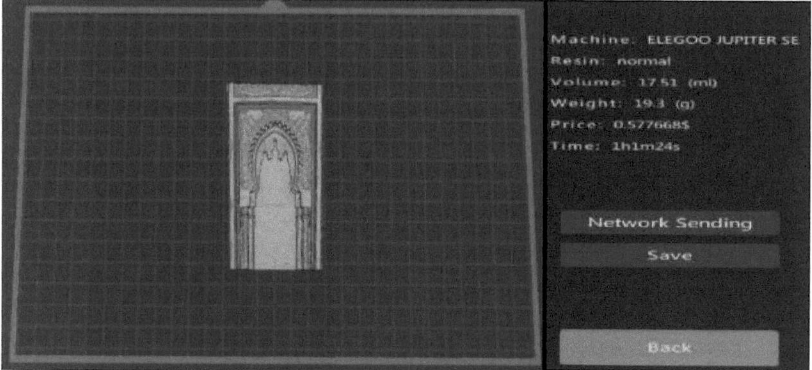

Figura 31 Preparação do modelo para impressão 3D

Figura 30: Resultado final da porta após a impressão

O resultado final é uma reprodução física impressionante desta peça patrimonial, que capta com precisão a essência e a delicadeza dos detalhes arquitectónicos originais. Esta versão impressa em 3D oferece assim uma solução inovadora para salvaguardar e promover o rico património cultural de Marrocos.

2. Preservar o património arquitetónico com a impressão 3D: de Marrocos ao Coliseu de Roma

Com base na experiência adquirida com a impressão 3D bem sucedida da histórica Porta de Marrocos, decidimos aceitar um novo desafio importando o modelo 3D do majestoso Coliseu de Roma. Este monumento arquitetónico icónico, construído no século I d.C. pelo imperador Vespasiano, apresentava níveis de detalhe e complexidade ainda maiores do que o projeto anterior. No entanto, graças ao domínio gradual dos principais parâmetros da impressora 3D, em particular a utilização da tecnologia de estereolitografia (SLA), que oferece uma resolução e um acabamento de superfície excepcionais, foi possível produzir uma reprodução física de uma qualidade impressionante. O resultado final capta com uma fidelidade notável a estrutura imponente do Coliseu, com os seus arcos, colunas e ornamentação delicada. Com quase 50 metros de altura e capacidade para 80.000 espectadores, esta obra-prima da arquitetura romana sobreviveu aos séculos e tornou-se um dos símbolos mais reconhecidos do mundo. Este feito tecnológico permitiu-nos demonstrar o potencial da engenharia inversa e da impressão 3D para preservar e melhorar o património do edifício de uma forma que o torna único.

nível de pormenor sem precedentes, os tesouros do património arquitetónico mundial.

Figura 33: Imagem real do Coliseu de Roma Figura 32: Modelo digital do Coliseu

Depois de importar o modelo 3D do Coliseu do sítio Web Thingiverse, onde estava disponível como uma nuvem de pontos detalhada, utilizámos o software Chitubox para preparar cuidadosamente o modelo para a impressão 3D. Utilizando esta ferramenta de preparação, conseguimos afinar parâmetros-chave como a resolução, os suportes e a orientação do modelo, obter o melhor resultado possível quando finalmente imprimimos esta peça icónica. [6]

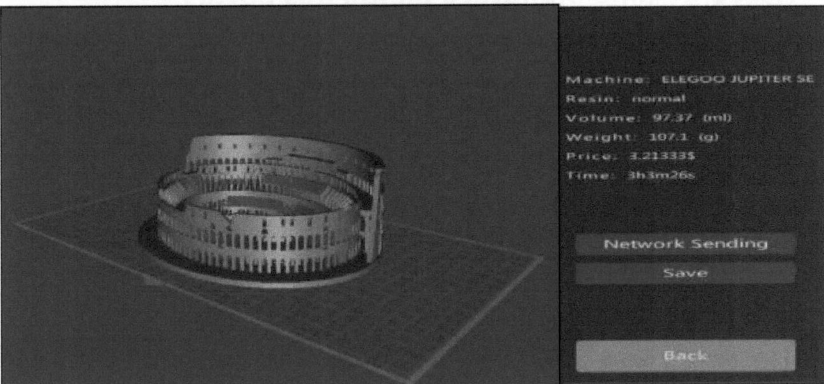

Figura 35: Preparação do modelo utilizando o fatiador Chitubox

Figura 34: Resultado final do Coliseu após a impressão 3D

3. Desafios da reprodução 3D do Coliseu contra a porta do Museu Mohammed V

Ao contrário do nosso projeto anterior sobre o portal histórico do Museu Mohammed V, em que utilizámos a fotogrametria, um processo relativamente simples mas limitado na captura de detalhes, o Coliseu de Roma representou um desafio muito maior termos de engenharia inversa. Esta estrutura icónica exigia dados 3D altamente precisos para reproduzir fielmente a sua arquitetura complexa. Assim, utilizámos um modelo digital derivado de digitalizações 3D especializadas e fotogrametria avançada. Apesar da qualidade destes dados, a dimensão impressionante e a rica ornamentação do Coliseu constituíram um verdadeiro desafio aquando da preparação do modelo digital para a impressão 3D. A utilização do software Chitubox revelou-se crucial na afinação de parâmetros-chave como a resolução, os suportes e a orientação do modelo, de modo a otimizar a qualidade da representação final e a reproduzir fielmente os mais finos detalhes arquitectónicos. A gestão destes diferentes aspectos da engenharia inversa no Chitubox exigiu um trabalho meticuloso, mas permitiu-nos obter um resultado de impressão 3D à altura da grandiosidade do Coliseu.

V. Criação de uma biblioteca digital das portas monumentais de Meknes

A experiência bem sucedida de engenharia inversa e impressão 3D da porta do Museu Mohammed V em Rabat, bem como do Coliseu em Roma, demonstrou o potencial da engenharia inversa e da digitalização para preservar e melhorar o património arquitetónico. Com base nestes resultados encorajadores, a parte final deste projeto centra-se na criação de uma biblioteca digital das portas monumentais de Meknes.

Esta iniciativa inscreve-se numa estratégia de salvaguarda e de valorização do património cultural desta cidade histórica. A paisagem urbana de Meknes é pontuada por numerosas portas antigas de grande valor arquitetónico e histórico, mas o seu estado de conservação variável exige uma atenção especial.

A digitalização destes elementos patrimoniais garantirá a sua documentação e preservação exactas sob a forma de modelos 3D, promovendo-os ao mesmo tempo junto do público.

Esta última parte do projeto visa, portanto, pôr em prática uma metodologia comprovada de engenharia inversa, a fim de criar uma biblioteca digital exaustiva das principais portas monumentais de Meknes.

Este trabalho de digitalização constituirá uma base de dados patrimonial valiosa, que facilitará os estudos, o restauro e a promoção deste rico património arquitetónico. [7]

1. Projeto-piloto: Digitalização da porta de um Riad tradicional

Antes de iniciar a criação da biblioteca digital das principais portas da cidade, foi realizada uma primeira experiência na porta de um Riad situado na antiga medina de Meknes. Esta porta, representativa da arquitetura tradicional local, foi utilizada como projeto-piloto para testar a metodologia de digitalização.

Os principais passos envolvidos na digitalização desta primeira porta foram os seguintes

a) Fase 1: Aquisição de dados por fotogrametria

A primeira fase consistiu em tirar fotografias do portal monumental, de acordo com as boas práticas de fotogrametria. As fotografias foram tiradas de diferentes ângulos e com sobreposição suficiente para permitir a reconstrução do modelo em 3D.

Figura 36: Porta antes do tratamento

b) Passo 2: Processamento da nuvem de pontos

As fotografias foram depois processadas utilizando o software Geomagic Design para gerar uma nuvem de pontos densa que representa fielmente a geometria da porta. Esta etapa foi utilizada para limpar a nuvem, eliminando elementos estranhos e suavizando as superfícies.

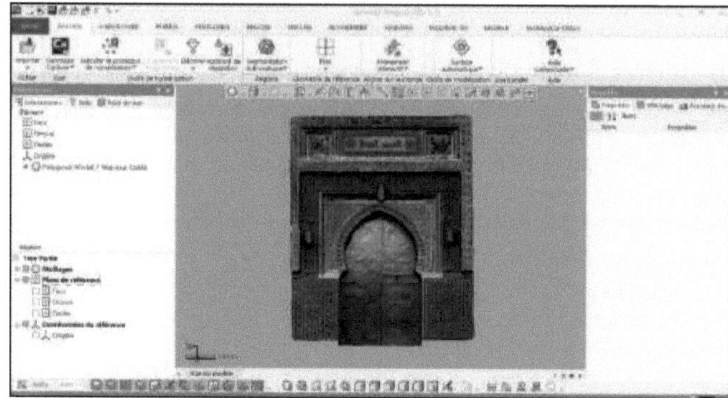

Figura 37: Processamento com o software Geomagic Design

c) Fase 3: Modelação 3D

A nuvem de pontos depois importada para o software Geomagic Wrap para gerar uma malha 3D triangulada de alta qualidade. Esta modelação permitiu preservar os pormenores da estrutura arquitetónica, optimizando ao mesmo tempo o modelo digital para utilização utilização futura.

Figura 38: Geração de malha utilizando o software Geomagic Wrap

d) Fase 4: Otimização e exportação

Finalmente, depois de o modelo 3D ter sido limpo e simplificado, foi exportado num formato padrão (.stl) para utilização numa variedade de software e aplicações, incluindo impressão e visualização 3D.

e) Os desafios técnicos da digitalização

Apesar de esta primeira experiência de digitalização ter validado a metodologia geral, também revelou uma série de desafios técnicos. A utilização uma aplicação de fotogrametria para smartphone revelou-se insuficiente para captar com precisão os pormenores mais finos da porta, sobretudo nas partes mais altas e ornamentadas. Apesar dos esforços de pós-processamento utilizando o software Geomagic, algumas áreas com texturas complexas e padrões tradicionais não puderam ser perfeitamente reconstruídas no modelo digital final. Estas dificuldades evidenciaram a necessidade de adaptar as técnicas de captura de dados e de modelação 3D para responder aos desafios específicos colocados por este tipo de património arquitetónico rico pormenores.

As lições aprendidas com esta primeira experiência orientaram, portanto, as escolhas metodológicas para a fase seguinte do projeto de digitalização das portas monumentais de Meknes.

Áreas não tratadas

Figura 39: Os limites da fotogrametria com smartphone

Conclusão

No final desta segunda parte, conseguimos demonstrar o imenso potencial das tecnologias de digitalização e de impressão 3D no domínio da preservação do património cultural. Os dois estudos de caso ilustram de forma eloquente como estas inovações revolucionárias permitem responder aos grandes desafios que se colocam aos profissionais do património.

Numa primeira fase, implementação da engenharia inversa por fotogrametria na porta do museu Mohammed V em Rabat permitiu-nos gerar um modelo 3D fiel, abrindo caminho a numerosas aplicações. O tratamento da nuvem de pontos através do software Geomagic permitiu-nos produzir um modelo STL de alta qualidade, que foi depois optimizado para a impressão 3D através do método SLA. Esta abordagem foi reforçada pela digitalização a laser do Coliseu de Roma, proporcionando uma comparação esclarecedora entre as duas técnicas de captura 3D. Para além de uma simples reconstrução física, estes modelos digitais são ferramentas preciosas para o estudo, o restauro e a divulgação do nosso património.

Em segundo lugar, a criação de uma biblioteca digital dos portões monumentais de Meknes é uma iniciativa ambiciosa que visa preservar este rico património arquitetónico. A digitalização fotogramétrica do portão do Riad Golden Mansour, seguida de um tratamento com o software Geomagic Design e Wrap, produziu um modelo STL de alta qualidade que está pronto para uma vasta gama de utilizações. Esta abordagem abre caminho à preservação a longo prazo destes tesouros patrimoniais, facilitando simultaneamente a sua acessibilidade e estudo aprofundado.

Através destes dois projectos, pudemos evidenciar o incrível valor acrescentado que a digitalização e as tecnologias de impressão 3D trazem à preservação do património cultural. Estas inovações oferecem novas perspectivas em termos de conservação, restauro e divulgação, contribuindo para assegurar a transmissão destes legados ancestrais às gerações futuras. Longe de se limitarem a simples ferramentas de restauro, estas tecnologias revelam-se verdadeiras alavancas para valorizar e compreender o nosso património.

Parte 2

Construir um braço robótico

A robótica é um campo em rápida expansão, oferecendo muitas aplicações inovadoras em diversos sectores. No âmbito deste projeto, assumimos o desafio de conceber e construir um protótipo de um braço robótico de 6 eixos, uma ferramenta poderosa capaz de realizar uma vasta gama de tarefas com precisão e destreza. Esta primeira parte do relatório descreve as principais etapas da conceção, programação e implementação deste sistema robótico inovador, destacando as escolhas técnicas efectuadas, os desafios encontrados e o desempenho alcançado.

Na automatização industrial, os robots manipuladores com braços articulados desempenham um papel essencial na realização de tarefas complexas como a manipulação, a montagem e a maquinagem. Estes robôs oferecem uma grande flexibilidade e precisão de movimentos, permitindo aumentar a produtividade e a qualidade dos processos de fabrico. O objetivo deste projeto é conceber e construir um protótipo de robô industrial de 6 eixos capaz de movimentar uma determinada carga. Ao contrário dos braços de robôs industriais convencionais, que são frequentemente fabricados utilizando técnicas de produção tradicionais, a nossa abordagem envolve a utilização de tecnologias de fabrico aditivo, mais especificamente a impressão 3D, para produzir as peças mecânicas do robô. Esta abordagem inovadora oferece uma série de vantagens, nomeadamente em termos de redução dos custos de fabrico e dos prazos de entrega, tirando partido das possibilidades oferecidas pelos processos de fabrico aditivo.

Os principais desafios técnicos deste projeto são os seguintes:

- Adaptar a conceção inicial do robô ao fabrico por impressão 3D;
- Selecionar os materiais mais adequados para as peças do robot em termos de restrições mecânicas, térmicas e de resistência ao desgaste;
- Definir os parâmetros de impressão 3D ideais para garantir a robustez e a fiabilidade das peças;
- Integrar os sistemas de controlo elétrico e eletrónico e de motorização do robô;
- Validar o desempenho do robot em termos de capacidade de carga, precisão de posicionamento e repetibilidade;

Este relatório começa por apresentar os diferentes tipos de braços robóticos industriais já existentes no mercado. Em seguida, descreve as etapas da produção do nosso protótipo de braço robótico, descobrindo o processo de fabrico aditivo e utilizando as máquinas e os materiais de que dispomos, bem como as perspectivas futuras do projeto. [7]

I. Braços robóticos industriais existentes

Antes de apresentar o desenvolvimento do nosso protótipo de braço robótico, é importante fazer um balanço das várias soluções de robótica industrial já existentes no mercado.

Os braços robóticos industriais dividem-se em várias categorias, dependendo principalmente da sua arquitetura mecânica e do seu campo de aplicação. Estas incluem

Robôs cartesianos

Os robôs cartesianos, também conhecidos como robôs de pórtico, caracterizam-se por uma arquitetura constituída por três eixos lineares ortogonais. Oferecem uma elevada precisão de posicionamento e são particularmente adequados para tarefas que exigem uma elevada repetibilidade como a maquinagem, a montagem ou a paletização. A sua área de trabalho é geralmente limitada a um espaço paralelepipédico.

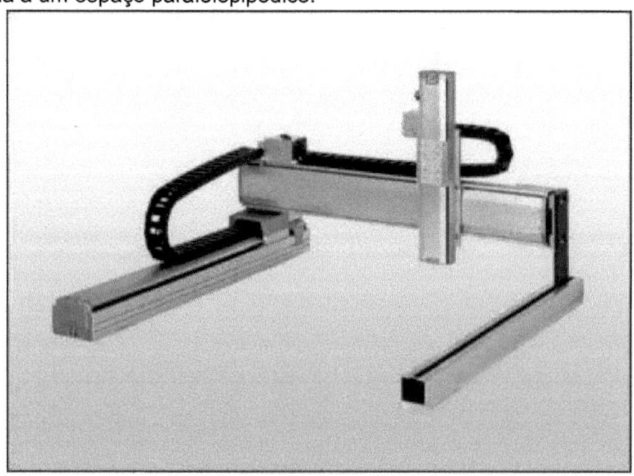

Figura 40: Robôs cartesianos

- **Robôs antropomórficos**

Os robôs antropomórficos, inspirados na morfologia do braço humano, têm uma arquitetura de rotação de 6 eixos para uma grande destreza e flexibilidade de movimentos. São amplamente utilizados em aplicações de montagem, soldadura e pintura, onde a sua capacidade de aceder a áreas de difícil acesso é uma vantagem.

- **Robôs SCARA**

Os robôs SCARA (Selective Compliance Assembly Robot Arm) apresentam uma estrutura composta por dois eixos horizontais de rotação e um eixo vertical de translação. Oferecem uma elevada rigidez e são adequados para tarefas de inserção, de recolha e colocação ou de micro-montagem que exijam uma elevada precisão num plano horizontal.

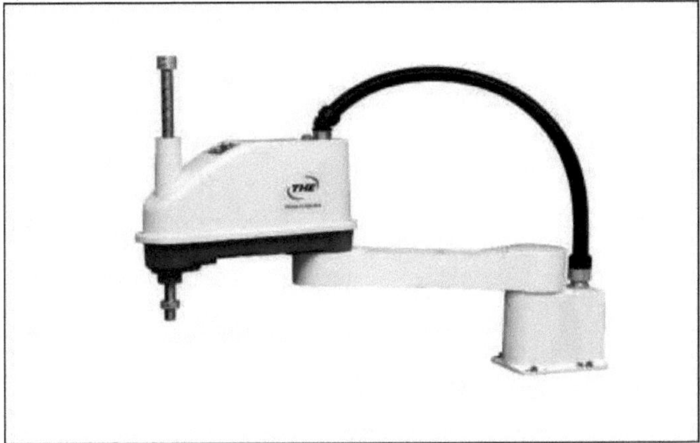

Figura 41:: Robô SCARA

- **Robôs Delta**

Os robots Delta, com a sua estrutura paralela, destacam-se pela sua elevada velocidade e excelente repetibilidade. São amplamente utilizados em aplicações de embalagem e de recolha e colocação a alta velocidade.

Cada uma destas arquitecturas robóticas tem as suas vantagens e desvantagens em termos de destreza, carga útil, área de trabalho e velocidade de movimento. A escolha do tipo de robô mais adequado depende, portanto, em grande medida, das especificidades da aplicação industrial em causa.

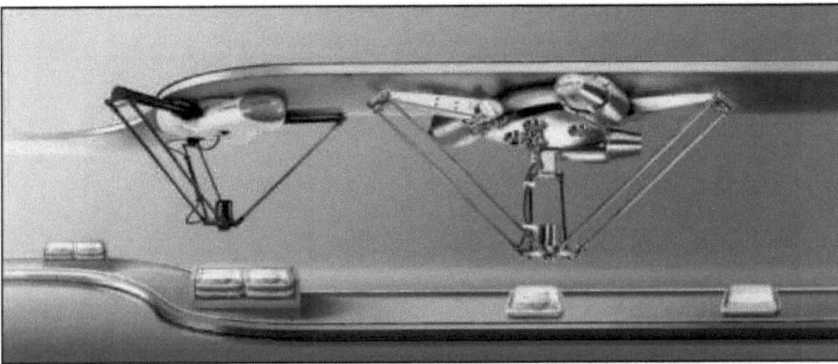

Figura 42: Robô Delta

II. Conceção inicial do robot

O nosso protótipo de braço robótico é fundamentalmente diferente dos modelos industriais convencionais. Enquanto estes últimos são geralmente fabricados utilizando métodos de produção tradicionais, optámos por explorar as tecnologias de fabrico aditivo, mais especificamente a impressão 3D, para produzir os componentes mecânicos do nosso sistema.

Esta escolha foi motivada por restrições de tempo que não nos permitiram efetuar uma conceção completa do robô desde o início. Assim, decidimos basear a nossa conceção numa arquitetura já existente, ou seja, uma estrutura mecânica de 6 eixos. Esta configuração de 6 graus de liberdade oferece uma grande flexibilidade e destreza de movimentos, caraterísticas essenciais para cobrir uma vasta gama aplicações industriais.

Nas secções seguintes, vamos detalhar a composição deste braço robótico, concentrando-nos na escolha dos materiais e nos parâmetros de impressão 3D selecionados para garantir a robustez e a fiabilidade do nosso protótipo.

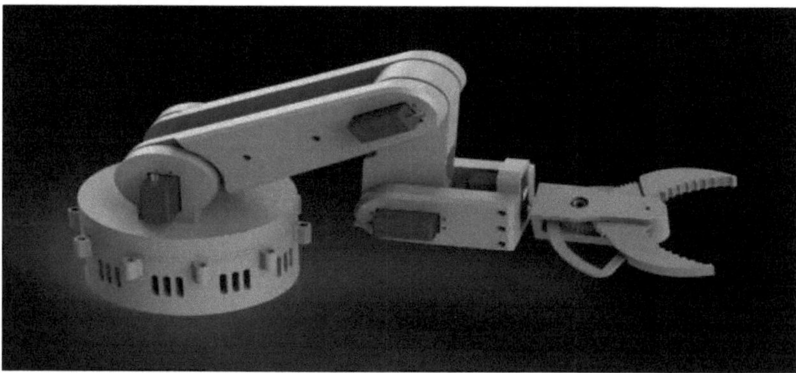

Figura 43: Conceção do robô

1. Conceção mecânica do braço robótico

O nosso braço robótico é composto por :

> **Efector final: pinça**

O nosso braço robótico está equipado uma pinça, efector final do sistema. Esta pinça, programada através de uma interface Arduino, pode ser utilizada para agarrar e mover uma variedade de objectos com precisão, graças às suas duas mandíbulas motorizadas. O design da pinça foi optimizado para fornecer uma força de aperto adequada para manusear uma vasta gama objectos de diferentes tamanhos e formas, tornando o robô versátil para muitas tarefas de manuseamento.

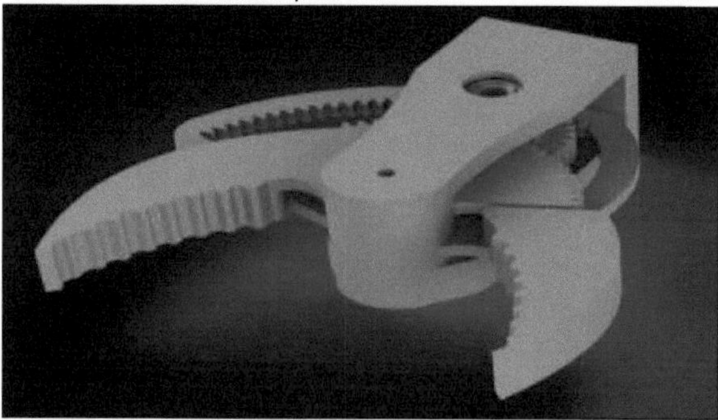

Figura 44: Pinça de robô

> **Segmento articulado**

A parte articulada do braço robótico está equipada com 5 servomotores de alto rendimento, o que confere uma grande mobilidade ao conjunto. Esta arquitetura garante uma maior destreza de movimentos, permitindo ao robô posicionar e orientar o efector final com grande flexibilidade no espaço de trabalho. As articulações são construídas com peças impressas em 3D para garantir a leveza e a robustez do conjunto.

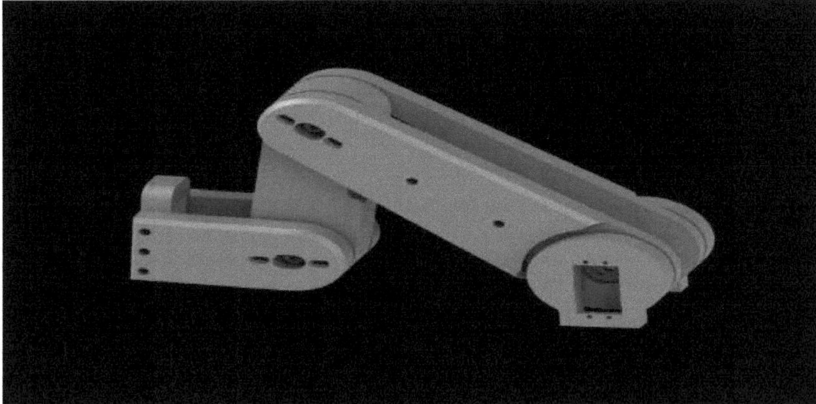

Figura 45: Segmento articulado

> **Base rotativa**

O braço robótico assenta numa base rotativa que permite uma rotação completa de 360 graus. Esta base motorizada é igualmente fabricada por impressão 3D e incorpora um sistema de engrenagens para transmitir o movimento de rotação. Esta caraterística aumenta significativamente o espaço de trabalho acessível ao robô, optimizando o seu raio de ação e versatilidade de utilização para uma grande variedade de tarefas industriais.

Figura 46: Base rotativa

2. Componentes do sistema eletrónico

> **Placa Arduino Mega: o controlador central**

O coração do sistema eletrónico é uma placa Arduino Mega, que funciona como o controlador central de todos os componentes do braço robótico. Oferece uma vasta gama de entradas/saídas e um elevado poder de computação.
Esta placa Arduino coordena os vários actuadores e sensores, permitindo uma gestão fina e precisa do movimento do braço.

> **Servomotores: actuadores de juntas**

Seis servomotores de alto desempenho estão integrados no braço robótico, cada um responsável pelo movimento de uma articulação.
Estes servomotores permitem um controlo preciso da posição angular de cada segmento, contribuindo para a destreza e flexibilidade de todo o sistema.

> **Motores passo a passo: actuadores de base rotativa**

Para além dos servomotores, é utilizado um motor de passo para rodar a base do braço robótico. Este tipo de atuador oferece uma elevada precisão de posicionamento, essencial para garantir uma rotação suave e controlada da plataforma.

> **Servo-piloto: controlo do atuador (cartão PCA)**

Para controlar os servomotores e o motor de passo, está integrado no sistema um servopiloto dedicado. Este módulo eletrónico converte os sinais de controlo da placa Arduino em comandos de movimento que podem ser utilizados pelos vários actuadores.

> **Bateria: fonte de alimentação**

Uma bateria recarregável alimenta todo o sistema eletrónico, garantindo a autonomia e a mobilidade do braço robótico. Esta fonte de energia elimina a necessidade de uma ligação por cabo, permitindo uma maior liberdade de movimentos e de experimentação.

> **Cablagem e placa de ensaio: interligações**

Uma rede de cabos ligada a uma placa de ensaio facilita as ligações entre os diferentes componentes electrónicos. Esta abordagem modular simplifica a montagem e a manutenção do sistema, oferecendo simultaneamente uma grande flexibilidade para futuras modificações.

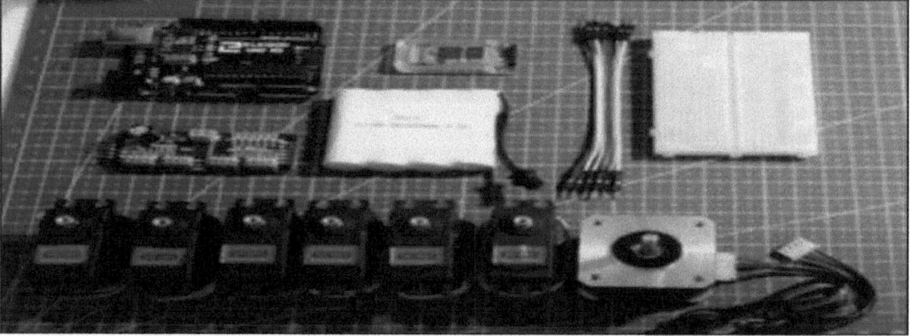

Figura 47: Componentes electrónicos do sistema

111. Robô fabricado com recurso ao fabrico aditivo

1. O processo de fabrico aditivo

O fabrico aditivo, também conhecido como impressão 3D, é um conjunto de processos utilizados para criar peças físicas a partir de modelos digitais. Esta abordagem de fabrico difere dos métodos tradicionais ao adicionar material progressivamente, camada a camada, em vez de remover material como na maquinagem.
Os principais processos de fabrico aditivo são os seguintes:

- **Fotopolimerização em tanque:** Este processo utiliza um banho resina fotossensível que é endurecido seletivamente por um feixe de luz (laser ou ecrã) em função do modelo 3D. A peça é construída camada por camada através da imersão progressiva do tabuleiro de fabrico no tanque.

- **Pulverização de material**: Este processo consiste na pulverização selectiva de gotículas finas de material (geralmente um polímero) sobre uma placa, que são depois endurecidas por tratamento térmico ou radiação.
- **Deposição de energia concentrada:** Neste método, um feixe de laser ou arco elétrico funde localmente um fio metálico ou um polímero, depositando o material camada a camada para formar a peça.
- **Laminação em camadas:** Este processo consiste em cortar o modelo 3D em fatias finas, que são depois empilhadas e coladas para construir progressivamente a peça final.
- **Pulverização de aglutinante:** Uma cabeça de impressão deposita seletivamente um aglutinante num leito de pó (polímero, metal ou cerâmica), que depois aglomera as áreas desejadas.
- **Fusão em leito de pó:** Um feixe de laser ou de electrões funde localmente uma fina camada de pó (polímero, metal ou cerâmica) para criar a geometria da peça.
- **Deposição de fio fundido:** Este processo envolve a extrusão de um fio termoplástico fundido, camada a camada, para construir progressivamente a peça.

Para produzir as peças do nosso braço robótico, optámos por utilizar um dos processos de fabrico aditivo descritos acima. Mais especificamente, optámos pela tecnologia de deposição por fusão, ou FDM. [Este método de impressão 3D revelou-se particularmente adequado para o fabrico de componentes de plástico, como o chassis, os suportes e os acessórios do braço.

Para o efeito, utilizámos impressoras 3D equipadas com uma cabeça de extrusão que aquece o material de filamento até este derreter. A cabeça de extrusão move-se então de acordo com as coordenadas definidas pelo modelo digital, depositando o material fundido camada a camada para construir gradualmente o objeto.

No que diz respeito às matérias-primas utilizadas, selecionámos três tipos de material termoplástico: PETG, PLA e PLA+.

A escolha do material baseou-se nas propriedades específicas e nos condicionalismos de cada componente:

- **PETG** (Politereftalato de etileno glicol): Para peças que exigem elevada resistência mecânica e rigidez. Este material excelentes propriedades mecânicas, boa tenacidade e resistência ao impacto.
- **PLA** (Ácido Poliláctico): Para os fechos e as peças menos críticas, privilegiámos a utilização do PLA. Este bioplástico tem a vantagem de ser biodegradável, ao mesmo tempo que oferece um bom desempenho em termos de resolução de impressão e acabamento de superfície.
- **+ PLA**: Este tipo melhorado de PLA foi selecionado para peças que requerem uma maior resistência mecânica do que o PLA normal, mantendo as vantagens deste material amigo do ambiente. O PLA+ foi utilizado para certas peças intermédias do braço robótico.

Esta escolha criteriosa dos materiais em função das especificações de cada componente permitiu-nos otimizar o desempenho e a fiabilidade do conjunto do sistema robótico. [9], [10]

2. As fases de produção

- Tendo definido o processo utilizado, o material e as máquinas, eis as etapas do fabrico do nosso protótipo [11] :

a. Preparação de ficheiros CAD em formato STL

- Já tínhamos os ficheiros CAD dos diferentes componentes. Exportámo-los em formato STL. Esta etapa é crucial, pois transforma os nossos modelos digitais em ficheiros compatíveis com o processo de impressão 3D.
- O formato STL gera as informações de malha necessárias para definir a geometria de cada peça, preparando-nos fase seguinte de preparação da impressão.

Figura 48: Ficheiro CAD para a base rotativa

b. Preparação dos parâmetros de impressão

- Para preparar os parâmetros de impressão, optámos por utilizar o software Ultimaker Cura. A orientação de cada peça na placa de impressão foi cuidadosamente planeada, tendo em conta vários critérios. Procurámos minimizar o tempo de impressão e reduzir a utilização de substratos, reduzindo assim o tempo de pós-processamento e preservando a qualidade da superfície. No que diz respeito aos suportes, colocámo-los em todas as áreas ola com um ângulo em relação ao plano vertical inferior a um determinado limiar, geralmente recomendado a 45° para as nossas impressoras.
Para além disso, escolhemos uma espessura de camada adequada em função do nível de acabamento desejado para as superfícies.
- Uma vez definidos todos estes parâmetros, a etapa final consiste cortar o modelo STL em fatias utilizando a ferramenta "Slice", preparando assim as instruções de trajetória para a impressão 3D.

Figura 49: Importação do modelo CAD para o cortador e ajuste dos parâmetros de impressão

c. Iniciar a impressão

- Seleccionamos os parâmetros essenciais para garantir uma impressão de qualidade. Em primeiro lugar, escolhemos cuidadosamente a temperatura da placa de impressão, que desempenha um papel crucial na adesão do material e na estabilidade da peça durante o processo de impressão. Além disso, determinamos a velocidade de impressão adequada, tendo em conta a complexidade da peça, o seu tamanho e a qualidade de superfície necessária. Ao ajustar a velocidade de impressão, optimizamos o equilíbrio entre a velocidade de produção e a precisão dos detalhes.
Ao combinar estes parâmetros cuidadosamente, garantimos que cada impressão é produzida com

precisão e fiabilidade, cumprindo os mais elevados padrões de qualidade para o nosso protótipo.

Figura 50: Peça depois da impressão

4. Pós-tratamento

Na fase final do processo de fabrico, procedemos ao pós-processamento do nosso protótipo. Uma vez a impressão, removemos cuidadosamente os suportes utilizados para estabilizar as áreas em consola durante a impressão. Este passo é crucial para obter um acabamento final limpo e suave nas nossas peças. Ao remover metodicamente os suportes, garantimos que não danificamos os pormenores ou as superfícies da peça. Utilizamos ferramentas adequadas, como alicates e facas de precisão, para remover o suporte de forma eficiente, a integridade das nossas peças. Uma vez esta fase de pós-tratamento, as nossas peças estão prontas para serem montadas para formar o protótipo final, representando o fruto do nosso trabalho e engenharia meticulosa.

3. Montagem das peças impressas em 3D

Depois de os vários componentes do braço robótico terem sido fabricados utilizando a impressão 3D, o passo seguinte é montá-los para formar o sistema completo.

Esta fase de montagem envolveu os seguintes elementos:

Preparação da superfície :

As superfícies de contacto entre as peças foram cuidadosamente limpas e preparadas para garantir uma aderência óptima durante a montagem.

Métodos de montagem :

Em função da conceção de cada junta, diferentes técnicas de montagem, tais :

Aparafusamento: Foram utilizados orifícios roscados para fixar as peças com parafusos.

Encaixe: Algumas peças foram encaixadas diretamente umas nas outras através de sistemas de encaixe.

Colagem: Para as montagens permanentes, colas estruturais adaptadas aos materiais plásticos.

Também incorporámos peças móveis para facilitar determinados movimentos do braço robótico. Por exemplo, adicionámos rolamentos de esferas às articulações principais do braço. Estes rolamentos asseguram uma rotação suave e uma redução significativa da fricção, melhorando a manobrabilidade e o desempenho do sistema.

Além disso, para a base do braço robótico, concebemos e imprimimos em 3D esferas que se encaixam em alojamentos apropriados. Este sistema de "casquilhos" impressos facilita a rotação da base, conferindo maior mobilidade a todo o braço. A integração bem sucedida destes elementos móveis, para além das técnicas de montagem convencionais, ajudou a otimizar a conceção mecânica global do braço robótico e a melhorar a sua funcionalidade.

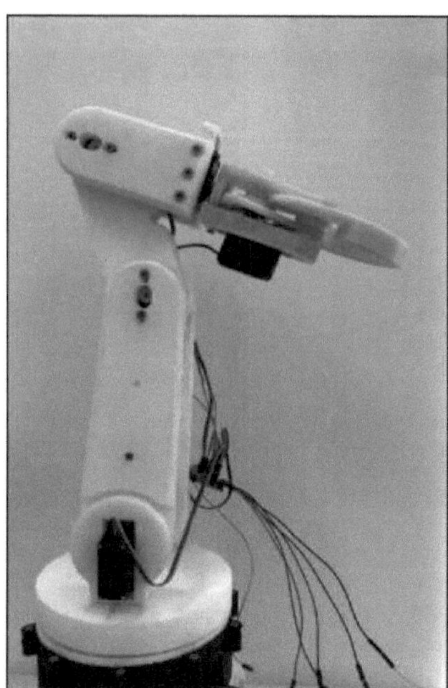

Figura 51: Resultado final do robot

4. Código e cablagem do Arduino

Para dar vida ao nosso protótipo de braço robótico de 6 eixos, desenvolvemos um programa de controlo baseado na plataforma Arduino. Esta solução eletrónica permitiu-nos controlar com precisão os diferentes movimentos do robô e assegurar uma coordenação harmoniosa.

A escolha da plataforma Arduino revelou-se acertada, dada a sua flexibilidade, facilidade de programação e acessibilidade. Graças às suas numerosas entradas/saídas digitais e analógicas, foi possível estabelecer uma interface fácil com os vários componentes electrónicos do robô, como os servomotores e o motor de passo.

A conceção do código Arduino foi um elemento-chave no desenvolvimento do nosso protótipo.

Tinha de ser criada uma arquitetura de software robusta, capaz de gerir os movimentos coordenados dos 6 eixos do braço robótico em tempo real. Isto exigiu uma análise aprofundada da cinemática inversa, dos circuitos de feedback e da otimização do desempenho.

```
sketch_jun26a | Arduino 1.8.19
Fichier Édition Croquis Outils Aide

sketch_jun26a §

// Inclure la bibliothèque Servo pour contrôler les servomoteurs
#include <Servo.h>

// Déclarer les 6 servomoteurs
Servo servo1, servo2, servo3, servo4, servo5, servo6;

void setup() {
  // Attacher les servomoteurs aux broches digitales correspondantes
  servo1.attach(3);
  servo2.attach(5);
  servo3.attach(6);
  servo4.attach(9);
  servo5.attach(10);
  servo6.attach(11);
}

void loop() {
  // Faire tourner les servomoteurs 1 et 2 de 30 degrés
  servo1.write(30);
  servo2.write(30);
  delay(1000); // Attendre 1 seconde

  // Faire tourner le servomoteur 3 de 60 degrés
  servo3.write(60);
  delay(1000);

  // Faire tourner le servomoteur 4 de 100 degrés
  servo4.write(100);
  delay(1000);

  // Faire tourner le servomoteur 5 de 360 degrés
  servo5.write(360);
  delay(1000);

  // Faire tourner le servomoteur 6 de 90 degrés, puis le ramener à 0 degré
  servo6.write(90);
  delay(1000);
  servo6.write(0);
  delay(1000);

  // Répéter la séquence
}
```

Conclusão

No final deste projeto de desenvolvimento de um braço robótico, percorremos as várias etapas fundamentais para conceber e produzir um protótipo funcional.

Em primeiro lugar, concebemos a estrutura mecânica do braço utilizando o fabrico aditivo (impressão 3D). Isto permitiu-nos criar uma estrutura leve e robusta capaz de suportar os movimentos das várias articulações. A escolha criteriosa dos servomotores e a sua integração cuidadosa na estrutura garantiram a fluidez e a precisão dos movimentos.

Em seguida, desenvolvemos o sistema de controlo utilizando uma placa Arduino. O código Arduino que escrevemos coordena a ativação dos servomotores para reproduzir fielmente os movimentos desejados pelo utilizador. A cablagem eletrónica foi cuidadosamente concebida para garantir a fiabilidade de todo o sistema.

Embora este protótipo seja totalmente funcional, planeamos acrescentar uma nova funcionalidade para facilitar ainda mais a sua utilização. Utilizando o fabrico aditivo, planeamos conceber e fabricar luvas de controlo que permitirão ao utilizador operar o braço robótico de forma intuitiva, reproduzindo naturalmente os movimentos da sua mão.

Esta nova funcionalidade irá melhorar consideravelmente a ergonomia e a experiência do utilizador do braço robótico, tornando-o ainda mais acessível e versátil. Embora este protótipo já esteja muito avançado, continuaremos a trabalhar no seu aperfeiçoamento constante para o tornar uma ferramenta robótica ainda mais eficaz e adaptada às necessidades dos utilizadores.

Conclusão geral

No final deste ambicioso relatório de projeto, podemos dizer com orgulho que os objectivos estabelecidos foram plenamente alcançados, oferecendo avanços notáveis em duas áreas cruciais: a robótica e o património cultural.

A primeira parte do relatório explorou o enorme potencial das tecnologias de digitalização e impressão 3D para a salvaguarda do património cultural. Através de dois estudos de caso notáveis, foi possível demonstrar como estas inovações revolucionárias estão a tornar possível responder aos principais desafios enfrentados pelos intervenientes na conservação do património. A engenharia inversa por fotogrametria, seguida de otimização e impressão 3D, permitiu gerar modelos digitais fiéis e versáteis de objectos do património. Do mesmo modo, a criação de uma biblioteca digital das portas monumentais de Meknès é uma iniciativa ambiciosa que visa a preservação deste rico património arquitetónico. Estas iniciativas oferecem novas perspectivas em termos de conservação, restauro e divulgação, contribuindo para uma maior acessibilidade e um conhecimento mais profundo dos nossos tesouros do passado.

Através destes dois projectos complementares, o presente relatório de projeto realça a sinergia entre as disciplinas da robótica e das tecnologias digitais aplicadas ao património cultural. Estas inovações representam verdadeiras alavancas para enfrentar os desafios da preservação, da valorização e da transmissão deste património inestimável às gerações futuras. Os resultados obtidos demonstram o poder da abordagem interdisciplinar, abrindo caminho a novas e excitantes perspectivas neste domínio de importância crucial.

O segundo capítulo foi consagrado à conceção e produção de um braço robótico de seis eixos capaz de levantar uma carga de 500 gramas. Esta proeza técnica exigiu a aplicação de competências de ponta em mecânica, eletrónica e programação. A escolha criteriosa dos componentes, a engenharia de precisão e os algoritmos de controlo sofisticados resultaram num sistema robótico fiável, fácil de manusear e de elevado desempenho. Este feito representa uma contribuição significativa para novas abordagens à preservação e manuseamento do património, abrindo caminho a futuras aplicações em ambientes delicados ou inacessíveis.

> As máquinas utilizadas em FDM :

Figura 53: Impressora Anet Figura 55: Creality A10 max

Figura 52: Impressora de artilharia Figura 54: Impressora de artilharia

As máquinas utilizadas na SLA :

Figura 56: Elegoo Jupiter SE

As diferentes partes que compõem o robot :

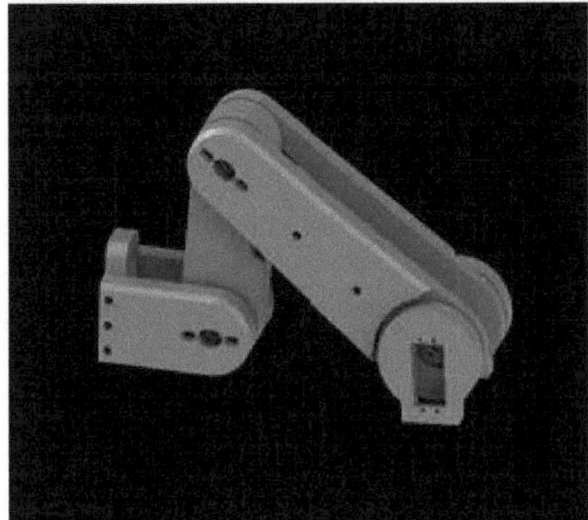

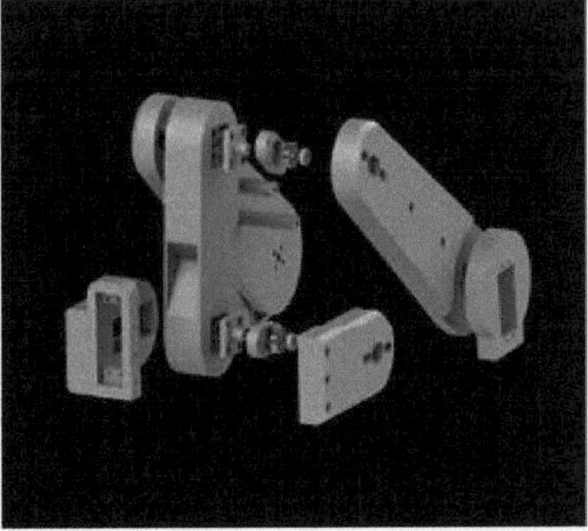

Figura 58: O braço do robot

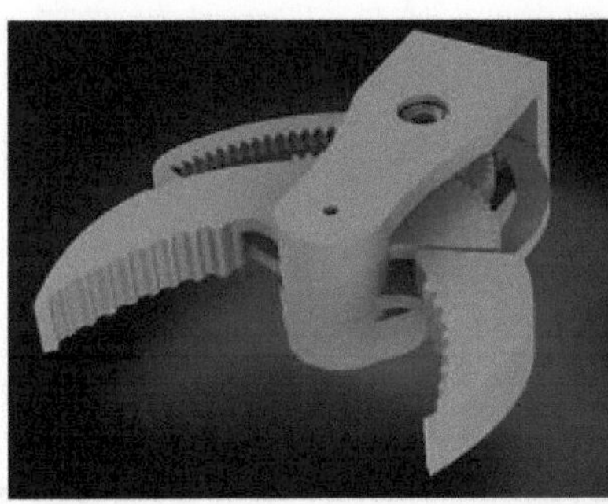

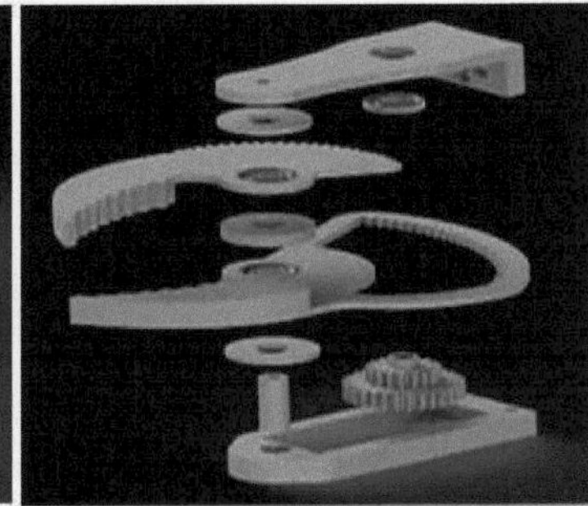

Figura 59: Pinça

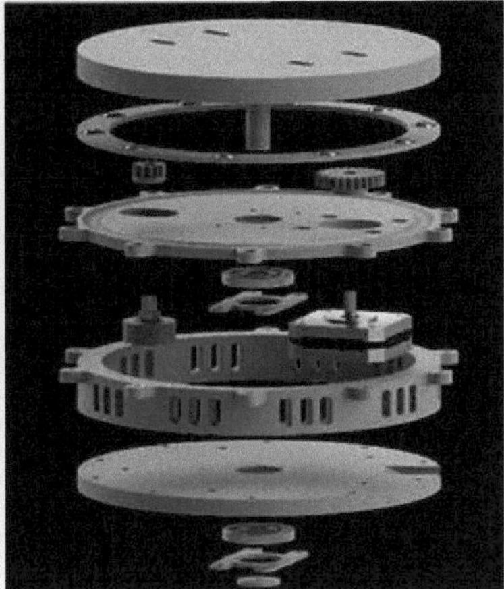

Figura 60: Base rotativa

[1]- BENASSA EL FAHIME, *:* " *Numerisation 3D Pretretement Des Nuages De Points* ", - *Diplome des études superieures approfondies*, DESA 2007.

[2]- RADOUANI M., SAKA A., BELKEBIR H., EL FAHIME B., CARRARD M., *""Pre-processing of point clouds: Estudo comparativo de software disponível no mercado"*. 4th International Conference on Integrated Design and Production, CPI'2005, Meknès - Morocco, CDRom paper, 11 páginas, outubro de 2005.

[3]- LINDsAY MACDONALD, "*Applying Digital Imaging to Cultural Heritage*". Manual, Universidade de Parissaclay, 83 páginas, 2006.

[4]- R. ROUssEL ET L. DE LUCA" *Une Approche Pour Construire Un Rapport Numerique Complet De La Cathedrale Notre Dame Apres L'incendie, En Utilisant La Plateforme AIOLI* ". artigo consultado em: https:*//isprs-archives.copernicus.org/articles.*

[5]- ISO 52910:2018, "Fabrico *aditivo - Conceção - Requisitos, diretrizes e recomendações*".

[6] - INssAF BAHNINI, *"Méthodologie de prise en compte des incertitudes et des interactions des caractéristiques produit/proccess. Aplicação aos processos de fabrico aditivo*". Tese, Université ABDELMALEK EssAADI, 2021.

[7]- T. VARADY, R. MARTIN, J. COX "*Reverse Engineering of geometric models - an introduction, Computer-Aided Design*". vol 29(4), pp. 255-268.

[8]- MATTHIAs BORDRON, *"Modelação e calibração para digitalização robotizada*". Tese, Université Parissaclay, 2019.

[9]- ISO 52900:2015, *"Fabrico aditivo - Princípios gerais Terminologia*".

[10]- ISO 17296-2:2015, "*Fabrico aditivo - Princípios gerais. Parte 2: Visão geral das categorias de processo e matérias-primas*".

[11]- INsAF BAHNINI, MICKAEL RIVETTE, AHMED RECHIA, ALI sIADAT, ABDELILAH ELMEsBAHI, "*Additive manufacturing technology: the status, applications, and prospects*". Jornal internacional de tecnologia de fabrico avançado (201 8) 97:147-161

Printed by Books on Demand GmbH, Norderstedt / Germany